# BEI GRIN MACHT SICH IHR WISSEN BEZAHLT

- Wir veröffentlichen Ihre Hausarbeit,
  Bachelor- und Masterarbeit

- Ihr eigenes eBook und Buch -
  weltweit in allen wichtigen Shops

- Verdienen Sie an jedem Verkauf

Jetzt bei www.GRIN.com hochladen
und kostenlos publizieren

**Bibliografische Information der Deutschen Nationalbibliothek:**

Die Deutsche Bibliothek verzeichnet diese Publikation in der Deutschen National-bibliografie; detaillierte bibliografische Daten sind im Internet über http://dnb.d-nb.de/ abrufbar.



**Impressum:**

Copyright © 2016 GRIN Verlag, Open Publishing GmbH
Druck und Bindung: Books on Demand GmbH, Norderstedt Germany
ISBN: 9783668569850

**Dieses Buch bei GRIN:**

http://www.grin.com/de/e-book/377841/die-demenzerkrankung-und-ihre-erschei-nungsbilder-kann-die-richtige-mischung

**Hannes Kroke**

**Aus der Reihe: e-fellows.net stipendiaten-wissen**

e-fellows.net (Hrsg.)

Band 2573

# Die Demenzerkrankung und ihre Erscheinungsbilder. Kann die richtige Mischung aus Medikamenten und Fürsorge heilen?

e-fellows.net (Hrsg.)

GRIN Verlag

Kopernikus Gymnasium Blankenfelde

Seminararbeit im Seminarkurs Biologie/Chemie

Schuljahr 2016

# <u>Demenz</u>

*- kann die richtige Mischung aus Medikamenten und Fürsorge heilen?*

Verfasser:

**Hannes Kroke**

Klasse 12L

Abgabetermin: 01.11.2016

Inhaltsverzeichnis

# 1. Einleitung

In meiner Seminararbeit geht es um Demenz. Demenz ist ein sehr weitläufiger Begriff, eine nicht einheitlich definierte Bezeichnung für eine Sammlung vielerlei verschiedener Symptome, Syndrome und sonstiger Erscheinungen. Wohl daraus folgt die unbegrenzte Menge an Therapieansätzen, einige helfen, viele nicht, aber worum auch immer es geht, es bleibt doch schließlich alles an der pflegenden Person hängen, die zu oft nicht weiß, wie man nun richtig mit seiner Mutter oder sogar seiner Großmutter umgeht. Was möchte sie mir sagen, wie helfe ich ihr und geht der ganze Pflegestress auch wieder vorbei?

In dieser Seminararbeit soll es darum gehen, Ordnung zu schaffen. Aus diesem Grund werden im ersten Teil die Grundlagen erklärt. Es geht um das menschliche Gehirn und seine Veränderungen mit der Zeit. Im zweiten Teil wird die Demenz aus medizinischer Sicht dargestellt. Denn auch wenn die Demenz zum größeren Teil unerforscht und unerklärt ist, so gibt es doch so einige Ansätze, die man gut darstellen kann. Im dritten Teil schließlich geht es darum, was es für eine Familie bedeutet, wenn ein Mitglied an Demenz erkrankt. Es sollen Fragen geklärt werden wie:

Wie fühlt sich der demente Patient dabei? Mit welchem Aufwand ist die Pflege des Patienten verbunden? Wie kann man ihm überhaupt helfen, und woher weiß man, ob das so richtig ist? Außerdem geht es um interessante Therapiemethoden über Ernährung oder Musik. Am Schluss dieses Teils werte ich meine eigenen Erfahrungen mit dementen Menschen aus.

Nach der Beschäftigung mit diesen Themen nehme ich im Schluss Stellung zur Problemstellung meiner Seminararbeit. Kann die richtige Kombination aus medizinischer und liebevoller Pflege die Krankheit heilen? Oder ist womöglich keine Besserung in Sicht?

Die Antwort interessiert auch mich persönlich sehr. Ich hatte schon immer ein Interesse für die kleinen Vorgänge im Körper. Deshalb ist für mich auch die Demenz interessant, ebenfalls wegen ihrer steigenden Bedeutung. Außerdem habe ich schon eigene Erfahrungen mit alten und zum Teil dementen Menschen machen können, da ich zwei Mal im Monat in ein Altersheim fahre. Mich interessiert, wie Menschen in solch einen Zustand kommen, und was man tun kann, um ihnen zu helfen.

Die häufigste Form von Demenz ist Alzheimer. Darauf wird allerdings in dieser Arbeit nicht der Schwerpunkt gelegt, ich möchte eher die gesamte Bandbreite der Demenzformen darstellen, weil Demenz ein Oberbegriff für die verschiedensten Erkrankungen ist.

Meine Quellen stammen aus der Bibliothek der Charité Berlin für die wissenschaftliche Seite und aus der Stadtbibliothek am Luisenbad für den praktischen und therapeutischen Teil. Das Internet nutzte ich zumeist, um mir unbekannte Fachbegriffe nachzuschlagen.

## 2. Was ist Demenz und was passiert dabei überhaupt?

Demenz ist ein psychiatrisches Syndrom, bei dem eine Erkrankung des Gehirns vorliegt. Es treten kognitive Störungen auf, das heißt, das Gedächtnis, das Denkvermögen und die Sprache bis hin zur Motorik sind beeinträchtigt. Die erste Frage die sich stellt, ist, ob das überhaupt eine Krankheit ist. Mit dem Alter vergesslich zu werden, eine Gehhilfe zu brauchen, alles nicht mehr so schnell zu erfassen, ist normal. Ab wann beginnt eine Krankheit? Darüber sind sich nicht einmal die Mediziner einig, und deshalb geht es im Folgenden erstmal um unser normales Gehirn. Was tut meinem Gehirn gut, was fördert die Entwicklung zur „Vergesslichkeit" und was heißt „normales Altern" überhaupt für mein Gehirn?

### *2.1 Was ist gut für mein Gehirn, was nicht?*

#### *Rauchen*

Rauchen ist schlecht für das Gehirn. Es fördert die Verstopfung der Blutgefäße, und dies schadet nicht nur dem Herzen, sondern auch dem Gehirn. Außerdem schrumpft durch das Rauchen die Großhirnrinde [1]. Tierversuche zeigten, dass Nikotin die Entwicklung des Gehirns beeinflusst und Nervenzellen schädigt.

#### *Bewegung*

Bewegung trainiert die Muskulatur der Blutgefäße und wirkt sich positiv auf die Entwicklung des Gehirns aus. Etwa 2000 Kilokalorien sollte man in der Woche verbrauchen, das ist vergleichbar mit einer halben Stunde Rad fahren am Tag. Gerade im hohen Alter tut Bewegung gut und verbesserte laut einer Langzeitstudie[2] die Geschwindigkeit und Qualität der Testergebnisse der Probanden. Bewegungsmangel dagegen führt laut US-Forschern zu einer Abnahme des Hirnvolumens 3.

#### *Unterzuckerung*

Sogenannte Hypoglykämien, also schwere Anfälle von Unterzuckerung, treten am häufigsten bei Diabetes-Typ-2-Patienten auf, weil sie zu viel Insulin gespritzt oder falsch gegessen haben. In einer Langzeitstudie erhöhte sich das Risiko, an Demenz zu erkranken, bei einer schweren Hypoglykämie mit anschließendem Krankenhausaufenthalt um 26%, bei zweien sogar um 80% 4.

#### *Geselligkeit*

Laut einer Studie des schwedischen Karolinska-Instituts von 2009 haben sozial aktive, ruhige Menschen ein um 50% geringeres Risiko, an Demenz zu erkranken, als sozial inaktive, leicht zu stressende Menschen. Das ist eine Begründung dafür, dass verheiratete Senioren statistisch seltener an Demenz erkranken.

---

[1] Untersuchung der Berliner Charité und der Physikalisch-Technischen Bundesanstalt von 2010
[2] Studie der Jacobs University Bremen von Ben Godde und Ursula Staudinger von 2008
[3] Spiegel Wissen 1/2010. Die Reise ins Vergessen. Seiter 23
[4] Studie der JAMA( Journal of the American Medical Association ), 2009

*Alkohol*

Alkohol ist ein Gift für die Leber, das Nervensystem und das Gehirn. Jede achte Person in Deutschland trinkt gesundheitsgefährdend viel 5. Im Alter ist Alkohol noch deutlich gefährlicher. Der Wasseranteil im Körper sinkt, je älter man wird, und so verteilt sich die gleiche Menge Alkohol auf weniger Körperflüssigkeit. Die Leber braucht länger zum Abbau des Ethanols. So führt zu hoher Alkoholkonsum zu Gedächtnisproblemen, Konzentrationsschwierigkeiten und Aufmerksamkeits- und Lernfähigkeitsstörungen.

*Medikamentensucht*

Entgegen den Vorschriften werden für ältere Menschen Medikamente oft nicht nur vorübergehend verschrieben, sondern dauerhaft. Diese sind jedoch oft suchterregend. Die Sucht führt zu negativen Auswirkungen wie Zittern (Tremor), Konzentrationsproblemen und Schlaf- und Bewegungsstörungen. Die Symptome bei Entzug der Medikamente sind ähnlich, und so ist Medikamentensucht eine weitere Ursache für krankhafte Symptome, die Demenz vermuten lassen.

## 2.2 Kognitives Altern

Das Altern des Gehirns ist normal, und nicht unbedingt immer schlecht. Mit höherer Lebenszeit hat man mehr Wissen, mehr Erfahrung und mehr Weisheit. Allerdings altert das Gehirn natürlich auch im Sinne der beeinträchtigten kognitiven Leistungen. Dabei kann man nicht pauschalisieren, das gesamte Gehirn würde schlechter werden. Welche Teile der Erinnerung und des Wissens immer mehr verblassen, hängt ganz spezifisch von Variablen wie Bildung, Beruf, Gesundheit und Lebensstil ab. Bei einem „ganz normalen" älteren Menschen treten zwar Schwierigkeiten bei der Geschwindigkeit des Nachdenkens oder beim Lösen von Problemen auf, sprachliche Leistungen und kulturelles Wissen leiden dagegen nicht.

Die anerkannteste Definition einer „Alterskrankheit" wird so beschrieben, dass spätestens bei der Beeinträchtigung der selbstständigen Lebensführung der Patient als dement diagnostiziert werden kann. Wie es jedoch der Krankheit gelingt, „zuzuschlagen", und warum sie ausschließlich im höheren Alter auftritt, darüber gibt es verschiedene Thesen. So wird in einer These behauptet, dass spezifische Demenzfaktoren eine gewisse Altersveränderung im Gehirn voraussetzen (Interaktionshypothese), eine andere baut auf einer negativen Beeinflussung der Alterungsvorgänge durch die Demenzfaktoren auf. Die Spezifitätshypothese geht dagegen davon aus, dass die Entwicklung der Demenzkrankheit mehrere Jahrzehnte dauert und nur deshalb die Menschen an Demenz erkranken können, die erst einmal so alt werden.

Eine gute Möglichkeit zur Unterscheidung einer krankhaften Demenz von einer gesunden Hirnalterung ist das Wiedererkennen von Information. Im Alter vergesslicher zu werden ist normal,

---

erinnert jedoch jemand einen wieder an etwas Vergessenes, kommt meist die Reaktion „Ach ja, jetzt fällt's mir wieder ein!". Das ist das Zeichen für ein gesundes Gehirn, da demenzkranke Personen nicht nur Schwierigkeiten mit dem Wiederabrufen von Informationen haben, sondern auch mit dem Wiedererkennen.

## 2.3 Bedeutung der Demenz

Der Begriff „Demenz" kommt aus dem lateinischen und bedeutet so viel wie Unvernunft oder „weg vom Verstand". Der älteste bekannte Hinweis stammt von den Römern um Christi Geburt. Schon damals wurde die Schwere der Symptome und der bemitleidenswerte Zustand beschrieben. Heutzutage wird die Menschheit immer älter, und das Risiko, an einer solchen Krankheit zu erkranken, steigt. Schätzungen zufolge leiden 6 bis 8% der Deutschen über 65 Jahren an schwereren Demenzformen, und noch einmal 6 bis 8% an leichten oder unklaren Demenzformen. Das entspricht etwa 1,7 Millionen Menschen. Bis 2020 soll diese Zahl noch auf 2 Millionen Patienten ansteigen. Dabei ist das Risiko, an Demenz zu erkranken (=Prävalenz) altersspezifisch. Im Alter von 75 bis 80 Jahren liegt die Prävalenz noch bei 7%, 10 Jahre älter bei 25% und im Alter von über 95 Jahren schon bei 45%.

Es ist außerdem anzunehmen, dass etwa ein Drittel der Menschen, die ihr 65. Lebensjahr erreichen, im weiteren Lebensverlauf eine Demenz entwickeln. Beim Alter von 100 Jahren sind es schon 80%.

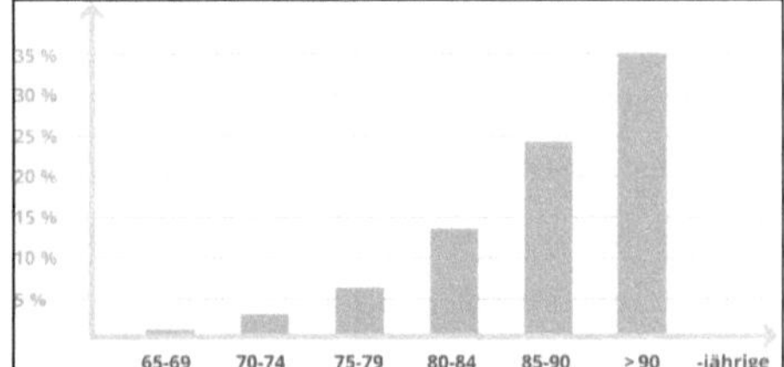


*Prävalenz-Statistik der Demenzerkrankungen*
***Abb. 1***

Die Bedeutung der Demenz ist vielschichtig. Sie ist mit Abstand die bedeutendste neuropsychiatrische Erkrankung und beschäftigt nicht nur Ärzte, sondern auch Menschen in ganz anderen Berufsgruppen wie Forscher oder Seniorenheimpflegekräfte. In deutschen Pflegeeinrichtungen beträgt der Anteil der dementen Senioren durchschnittlich sogar 60%.

# 3. Demenzen in der Theorie

## 3.1 Grundlagen und Klinik

### 3.1.1 Risikofaktoren

Ein Risikofaktor für eine bestimmte Eigenschaft, genetische Voraussetzung oder einen Umwelteinfluss ist die erhöhte Wahrscheinlichkeit, an einer Krankheit zu erkranken. Sie kann als Zahl ausgedrückt werden, wobei die Zahl angibt, um wie viel mal eine Erkrankung wahrscheinlicher ist unter Einfluss eines Risikofaktors als zuvor. Es ist zwischen genetischen und nichtgenetischen Risikofaktoren zu unterscheiden.

*__Genetische Risikofaktoren__*

Bei einer Demenzerkrankung unter den Angehörigen ersten Grades liegt der Risikofaktor bei 3,5. Dieses Phänomen ist allerdings nicht ausschließlich genetisch zu begründen, ähnliche Umwelteinflüsse durch das Leben am selben Ort oder ähnlicher Lebensstil durch Erziehung können auch eine Rolle spielen.

*__Nichtgenetische Risikofaktoren__*

Der wohl größte Risikofaktor für Demenz ist das Alter. Alle 5 Lebensjahre verdoppelt sich die Inzidenzrate. Die Inzidenz ist die Anzahl an Neuerkrankungen pro Jahr, die Inzidenzrate der Anteil an Neuerkrankungen an allen Menschen. Außerdem liegt eine höhere Prävalenz bei fehlender oder geringer Schulbildung vor. Der Risikofaktor liegt bei 2 bis 3, wenn man raucht.

Es gibt Medikamente, die Demenzsymptome auslösen können. Dabei handelt es sich jedoch nicht um eine Demenzform, die durch Medikamente verursacht wurde, sondern allein um Folgeerscheinungen der Medikamente. So kann es schnell zu Fehldiagnosen und im Anschluss zu Fehltherapien kommen. Solche Medikamente sind zum Beispiel Antidepressiva oder Opiate wie Aspirin und Ibuprofen. Allerdings gilt auch hier: Die Dosis macht das Gift.

## 3.1.2 Diagnose

Zur Diagnose gehören einige Untersuchungen, die im Folgenden ausschnittsweise dargestellt werden:

Der erste Schritt ist die Anamnese. Es muss zwischen Eigen- und Fremdanamnese unterschieden werden. Hierbei geht es darum, ob in der professionellen Befragung durch den Arzt der Patient selbst oder eine dritte Person antwortet, die den Patienten gut kennt.

Die Anamnese wird grob in 4 Ebenen unterteilt. In der **kognitiven** Ebene geht es um die Bildung und den Beruf des Patienten. Um die Gedächtnisleistung im Alltag einzuschätzen, werden Fragen zu Vergesslichkeit und etwaigen Konzentrationsstörungen usw. gestellt. Gerade hierbei sind Unterschiede zwischen der Eigen- und Fremdanamnese entscheidend für die Beurteilung der Plausibilität und der diagnostischen Wertung.

Bei der **medizinischen** Ebene handelt es sich um die Feststellung von Vorerkrankungen und der aktuellen Medikation.

In der **psychosozialen** Ebene werden Details zur Familie, Hobbys und Interessen erfragt. Von besonderer Relevanz sind Veränderungen in letzter Zeit in Richtung Rückzug.

In der **psychiatrischen** Ebene sollen Leiden wie Depressionen, Unruhe oder Halluzinationen usw. erkannt werden. Auch Persönlichkeitsveränderungen spielen hierbei eine Rolle.

An einem Beispiel soll hier erklärt werden, wie schon solche simplen diagnostischen Verfahren wie

Befragungen zu Hinweisen auf die vorliegende Krankheit führen können.

Eine zeitweise kognitive Verschlechterung kann auf eine reaktive Störung in Folge einzelner Stresssituationen hinweisen, bei der sich der Patient dazwischen weitgehend erholt. Sie kann allerdings auch ein Zeichen einer intermittierenden Störung sein. Eine stufenweise akute Verschlechterung weist möglicherweise auf eine Reihe von Hirninfarkten hin, kann aber auch ein Hinweis auf die Demenz mit Lewy-Körperchen sein. Eine langsame Entwicklung spricht für eine Alzheimer-Demenz, eine rasche Entwicklung dagegen für eine Hirnblutung.

Das alles sind Erkenntnisse von richtungsweisender Bedeutung, aber noch lange keine Beweise. Dazu sind eine Vielzahl anderer Untersuchungen notwendig.

Der zweite Schritt ist die körperliche Untersuchung, bei der andere Grunderkrankungen als Ursache für die kognitive Störung ausgeschlossen werden sollen. Einige Beispiele für eine solche Grunderkrankungen sind: Schilddrüsenunter- und -überfunktion, Vitamin B12-Mangel oder Neuroborreliose. Ein Beispiel für die diagnostische Bedeutung bereits von Bewegungen ist der Haltetremor (Zittern), der auf vaskuläre oder entzündliche Veränderungen im Hirnstamm hinweist.

Der dritte Schritt sind die Laborbefunde. Dabei kann das Blutbild oder eine Untersuchung der Elektrolyte zum Einsatz kommen. Trivialere Methoden sind dagegen das EEG, das Aufschluss über Hirnströme gibt, oder andere bildgebende Verfahren im Gehirn, bei denen nach Tumoren oder Ergüssen gesucht werden kann.

Die Depression und das Delir haben ähnliche Risikofaktoren und Symptome wie die Demenz, sodass es bei nachlässiger Diagnose leicht zu Fehldiagnosen kommen kann. Deshalb seien hier einige Unterschiede aufgeführt.

Bei der Depression kommen zu den kognitiven Störungen noch Symptome wie Interessenverlust und Angst. Dazu kann ein Gefühl der Wertlosigkeit kommen. Das Delir (=Verwirrtheitszustand) entwickelt sich im Gegensatz zur Demenz innerhalb weniger Stunden oder Tage und schwankt im Tagesverlauf. Aufgrund dieser unscheinbarer Unterschiede ist also in jedem Fall eine Differenzialdiagnose (Abgrenzung zu demenzfremden Krankheitsbildern) unbedingt erforderlich, denn Hauptrisikofaktor für eine nicht wirksame Therapie ist die Fehldiagnose.

### 3.1.3 Therapie

Bei der Behandlung von Demenz muss einem bewusst sein, dass dies keine kurzfristige ärztliche Maßnahme ist, sondern ein Bemühen über Jahre hinweg, dem Patienten und seiner Familie beizustehen.

Die Behandlung von Demenz kann medikamentös und nicht-medikamentös erfolgen. Medikamente wie Antidementiva oder Psychopharmaka werden vorrangig bei primären Demenzen eingesetzt. Dabei ist es wichtig, Medikamente je nach Demenzart und Patientenzustand zu verabreichen. Eine nicht-medikamentöse Therapie kann durch Musik und Kunst, Essen, Bewegung usw. erfolgen.

Ziele jeder Therapie können sein: Verlangsamung des fortschreitenden Krankheitsverlaufs; Verbesserung/Linderung der Symptome; möglichst langer Erhalt der vorhandenen Fähigkeiten; möglichst langer Verbleib in vertrauter Umgebung (der Umzug ins Heim als letzte Möglichkeit); Erleichterung der Pflege des dementen Patienten.

Abseits von allen Therapiemethoden und Behandlungsmöglichkeiten steht die allgemeinmedizinische Basistherapie. Gerade im Alter treten häufiger körperliche Krankheiten wie Atemwegserkrankungen oder Hörminderungen auf. Da durch die Demenz bedingt das Schmerzempfinden verändert ist und eventuelle Beschwerden durch Sprachschwierigkeiten dem Arzt nicht mitgeteilt werden können, ist es von unbedingter Relevanz, dass der behandelnde Arzt den Patienten sehr genau auf andere Erkrankungen untersucht.

## 3.2 Primäre Demenzen

Die Medizin unterteilt die Demenz in primäre und sekundäre Demenzen. Bei primären Demenzen beginnt der Krankheitsprozess direkt im Gehirn. 90% aller demenzkranken Patienten leiden unter eine primärer Demenz. Diese Unterart der Demenz ist unheilbar und irreversibel, zumindest nach dem heutigen Wissenschaftsstand.

## 3.2.1 Alzheimer-Demenz

Die Alzheimer-Demenz (AD) ist mit Abstand die häufigste Form der Demenzen. Schätzungen zufolge liegt ihr Anteil bei etwa 50 bis 60%.

### *Diagnose*

Die Diagnose einer Alzheimer-Demenz (AD) besteht aus drei Schritten: Im Schritt 1 geht es um das Erkennen des Demenzsyndroms. In Schritt 2 wird der Verlauf charakterisiert und das klinische Erscheinungsbild. Im dritten Schritt findet der Ausschluss aller anderen möglichen Ursachen der Symptome statt (Differenzialdiagnose). Im Anschluss sind für die spezielle Therapiezuordnung noch die Einstufung des Schweregrads, die Erfassung noch vorhandener Kompetenzen und problematischer Verhaltensweisen wichtig.

Zur Sicherung der Diagnose werden einige bildgebende Verfahren verwendet.

Die **strukturdarstellende Bildgebung** zeigt bei der Alzheimer-Demenz (AD) eine Atrophie (Verkümmerung) des Hippocampus. Der Hippocampus ist sozusagen die Schaltstation des limbischen Systems, das wiederum für Emotionen, Triebverhalten und intellektuelle Leistungen verantwortlich ist. Lässt sich die Zunahme der atrophischen Veränderungen um 10% in einem Zeitraum von einem Jahr nachweisen, so kann sie als krankhaft beschrieben werden. Sie steht einer Atrophierate von 1% bei einem kognitiv gesunden Menschen gegenüber.

Da bei der AD Gehirngewebe geschädigt wird, folgert daraus eine Minderung des Stoffwechsels, der durch die **funktionsdarstellende Bildgebung** entdeckt werden kann. So können mithilfe der Positronen-Emissions-Tomographie (PET) der regionale Glucosestoffwechsel und mithilfe der Einzelphotonen-Emissionscomputertomographie (SPECT) die regionale Gehirndurchblutung gemessen werden.

Mit der quantitativen und topographischen Auswertung der Elektroenzephalografie (**EEG**) können Aussagen über die Verteilung des Krankheitsprozesses im Gehirn getroffen werden.

Die Internationale statistische Klassifikation der Krankheiten und verwandter Gesundheitsprobleme (ICD) ist das wichtigste Diagnoseklassifikationssystem der Welt. Die neueste Ausgabe ICD-10 beschreibt folgende Diagnosekriterien für eine AD: die Beeinträchtigung mehrerer „höherer" kognitiven Leistungen; Defizite in persönlichen Alltagsleistungen wie zum Beispiel Waschen, Ankleiden und Essen; und ein schleichender Beginn mit langsamer Verschlechterung der Hirnfunktionen über eine Dauer von mindestens 6 Monaten, außerdem eine Irreversibilität.

### *Verlauf*

Bei der AD können 4 Stadien unterschieden werden.

In der Prädemenzphase, die etwa 5 bis 7 Jahre dauert, treten Auffälligkeiten wie Lernschwäche, Abnahme der Leistungsfähigkeit bei komplexen Tätigkeiten und sozialer Rückzug auf. Im frühen Demenzstadium nimmt die Lernschwäche zu, zusätzlich treten Symptome wie Wortfindungsschwierigkeiten, erschwerte Einschätzung räumlicher Verhältnisse, Depression, Reizbarkeit und Probleme bei gewohnten Alltagsaufgaben wie Autofahren auf. Im mittleren Stadium leidet der Patient an hochgradiger Vergesslichkeit, an ideatorischer Apraxie, was auch den Verlust der Fähigkeit des Lesens und Schreibens nach sich zieht, außerdem können Aggressivität und Wutausbrüche auftreten. Schließlich reduziert sich die Sprache des Patienten im späten Stadium auf wenige Wörter, er ist hilfsbedürftig in einfachsten Tätigkeiten wie essen oder gehen, der Patient wird von Unruhe geplagt, andere Symptome sind Schreien und Wahnvorstellungen. Extrem wichtig für die Therapieansätze ist, dass trotz der Krankheit der Patient für nonverbale Kommunikation empfänglich bleibt.

### *Therapie*

Bei einer AD tritt das sogenannte cholinerge Defizit auf. Man geht davon aus, dass vom Nervenzellenuntergang nicht nur die Hirnrinde betroffen ist, sondern auch subkortikale Gebiete. Der Basalkern im Vorderhirn beinhaltet cholinerge Neuronen, die also Cholin herstellen. Durch den Nervenzellenschwund reduziert sich die Produktion von Cholin um 50 bis 70%. Daraus schlussfolgernd wird die Krankheit auch mit Cholinesteraseinhibitoren therapiert. Cholinesterase spaltet Cholin, und da schon so zu wenig Cholin vorhanden ist, sorgen die Cholinesteraseinhibitoren dafür, dass Cholinesterase unterdrückt wird und noch möglichst viel Cholin erhalten bleibt. Bei einem höheren Cholinspiegel bessert sich laut einer Studie [6] die Gedächtnisleistung. Außerdem erhöht sich durch Cholinmangel das Herzinfarkt- und Schlaganfallrisiko. Medikamente, die zur Gruppe der Cholinesteraseinhibitoren gehören, sind zum Beispiel Donepezil, Rivastigmin und Tacrin.

Selbstverständlich gibt es noch eine Vielzahl an anderen medikamentösen Therapiemethoden, und mit Nootropika und Acetylcholinrezeptoragonisten seien nur wenige genannt, die jedoch hier keinen Platz finden. Die Vielzahl an nichtmedikamentösen Behandlungsmöglichkeit wird in Punkt 4 vorgestellt.

## 3.2.2 Mild Cognitive Impairment (MCI)

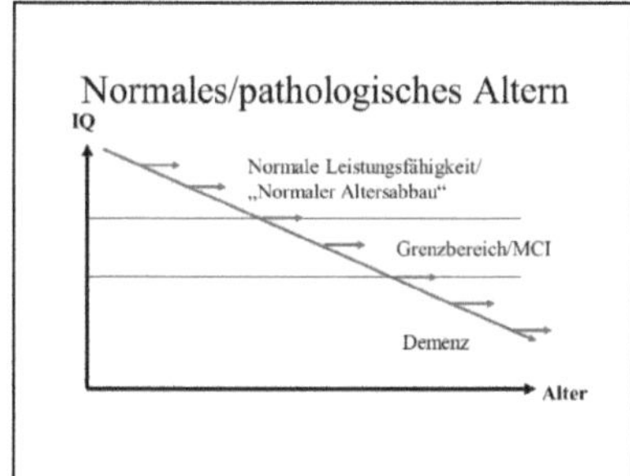



*Abb. 2*

*Verlauf des kognitiven Abbaus.
In jedem Stadium ist es möglich, den
Abbau zu unterbrechen, im oberen
Bereich noch besser als im unteren.*

Die leichte kognitive Beeinträchtigung (MCI) ist allgemein gefasst eine Vorstufe zur Demenz. Die Übergänge vom normalen kognitiven Altern zur MCI zur Demenz sind fließend und schwer nachweisbar. Jedoch hat die MCI ein gegenüber der Demenz eigenständiges Krankheitsbild, und muss sich auch nicht zwingend zu einer Form der Demenz weiterentwickeln.

### *Diagnose*

MCI ist schwer durch jedwede Art von Testverfahren nachweisbar. Es liegt eine kognitive Beeinträchtigung in einem Bereich vor, die aber noch nicht an den Schweregrad einer Demenz heranreicht, sich jedoch deutlich vom normalen kognitiven Altern abhebt. Solche Störungen können im Bereich der Auffassung oder der Aufmerksamkeit auftreten und die Alltagsbewältigung minimal beeinflussen. Die Risikofaktoren für eine MCI sind ähnlich derer bei Alzheimer, also vor allem das Alter.

---

[6] Clin Ther. 2003 Jan;25(1):178-93. Cognitive improvement in mild to moderate Alzheimer's dementia after treatment with the acetylcholine precursor choline alfoscerate: a multicenter, double-blind, randomized, placebo-controlled trial. Instituto Nacional de la Senectud, Mexico City, Mexico. January 2003.

*<u>Verlauf</u>*

Die kognitiven Beeinträchtigungen nehmen im Verlauf einer MCI nicht gesetzmäßig zu. So müssen MCI-Patienten in mehrere Gruppen unterteilt werden. Laut Studien entwickeln 50% der MCI-Patienten innerhalb von 3 bis 4 Jahren eine Demenz. Bei der anderen Hälfte bleiben die kognitiven Leistungen stabil oder bessern sich sogar bis zum Ausgangszustand vor der MCI-Erkrankung zurück. Dieser Verlauf von MCI ist durch keinen Test verbindlich voraussehbar, weil immer noch äußere Umwelteinflüsse wie Bildung, Beruf, andere Erkrankungen und genetische Faktoren darauf Einfluss nehmen.

*<u>Therapie</u>*

Die Diagnose von MCI ist für die Therapie sehr vorteilhaft, da Demenzen oft erst dann diagnostiziert werden können, wenn sie in einem weit fortgeschrittenen Stadium sind. Mit der Diagnose der MCI setzt also schnellstmöglich die Therapie ein, die den Fortschritt der wahrscheinlich folgenden Demenz maximal ausbremsen sollen. Therapiemethoden sind zum Beispiel gesunde Ernährung, Vermeidung von Nikotin und Alkohol, körperliches Training zum aktiv bleiben und geistige Anregung.Vorteil dieser Therapiemethoden ist, dass die gleichen Methoden zur Vorbeugung von Schlaganfällen und Herzinfarkten gelten. Ein positiver Einfluss von Medikamenten auf den Verlauf konnte noch nicht erwiesen werden. Kein Medikament zur Behandlung von Alzheimer-Demenz konnte das Einsetzen der Alzheimer-Demenz nach einer MCI-Erkrankung verzögern.

## 3.2.3 Vaskuläre Demenz

Die vaskuläre Demenz (VD) ist die zweithäufigste Form der Demenz, 15% der demenzkranken Menschen leiden darunter. Vaskulär bedeutet gefäßbedingt, und die Gefäße sind für die Durchblutung verantwortlich. Bei der häufigsten Art der vaskulären Demenz (VD), der Multiinfarktdemenz, werden Hirngewebe und Nervenverbindungen durch Durchblutungsstörungen, also kleine unbemerkte Schlaganfälle, zerstört. Sie verläuft in Schüben.
Typische Symptome sind Inkontinenz und unsicherer Gang. Durch Hirnschäden können diese Fähigkeiten nicht mehr kontrolliert werden.

*<u>Diagnose</u>*

Im Gegensatz zu anderen Formen ist die VD sehr gut abgrenzbar: vom behandelnden Arzt wird eine Computertomographie und eine Magnetresonanztomographie durchgeführt. Aus den Ergebnissen kann der Arzt feststellen, ob und wie stark das Hirngewebe beschädigt ist. Es ist auch manchmal der Fall, dass nicht nur vaskuläre, sondern auch Alzheimer-Veränderungen erkennbar sind. Dann wird eine Mischform der Demenz vermutet, die gar nicht so selten auftritt.

*__Risikofaktoren__*

Viele Risikofaktoren für die VD sind alzheimerähnlich. Die wichtigsten sind Bluthochdruck, Diabetes, Rauchen und Herzinsuffizienz, sowie Alkoholmissbrauch und niedrige Schulbildung. Der jedoch auch bei der VD bedeutendste Risikofaktor ist das Alter. Einige altersbedingte Veränderungen des Gehirns können zur Entwicklung einer VD beitragen oder sie sogar direkt verursachen.

Solche Veränderungen betreffen beispielsweise die Blut-Hirn-Schranke. Diese schützt das Gehirn vor Krankheitserregern oder Toxinen, die im Blut zirkulieren. Im Alter kann es zu einer Störung der Blut-Hirn-Schranke kommen. Eine eingeschränkte zerebrale Autoregulation ist ebenfalls Folge von hohem Alter. Normalerweise ist im Gehirn der Mechanismus der Autoregulation dazu da, den Blutfluss im Hirn konstant zu lassen, der ansonsten schwanken kann.

*__Therapie__*

Unter der Bedingung, dass die VD als Mischform zusammen mit Alzheimer-Demenz auftritt, sind Cholinesterasehemmer und andere Antidementiva durchaus wirksam. Diese Medikamente werden schon für die AD verschrieben, sind für die Behandlung einer reinen VD allerdings nicht zugelassen.

Es gibt mehrere verschiedene Wege, eine Form der Demenz zu behandeln. Besonders, wenn die medikamentösen Möglichkeiten sehr beschränkt sind, gewinnt die Behandlung der Grunderkrankungen und Risikofaktoren an Bedeutung.

Da ein Schlaganfall ein extrem hohes Risiko für VD birgt, ist die Behandlung mit einer Hirninfarkttherapie sinnvoll. Eine andere Methode ist die Sekundärprävention. Wenn beispielsweise schon ein Schlaganfall eingetreten ist, der das VD-Risiko vervielfacht, sorgt man mit einer Sekundärprävention dafür, dass er nicht noch einmal auftritt, was das Risiko einer VD nochmals erhöhen würde. Meist wird diese Sekundärprävention mit Thrombozytenaggregationshemmern durchgeführt. Sie hemmen die Verklumpung von Blutplättchen, was zu einem Hirninfarkt führen würde. Beispiele für thrombozytenaggregationshemmende Medikamente sind Acetylsalicylsäure (Aspirin) oder Clopidogrel.

Die Risikofaktorenverringerung ist immer für jeden Menschen, ob demenzgefährdet oder nicht, sinnvoll, und außerdem meist so gestaltet, dass ein gesunder Umgang mit seinem Leben schon ausreicht. So treffen für die VD Maßnahmen wie Einstellen des Rauchens, Sport, Alkoholreduktion und Gewichtsverringerung bei Übergewicht zu.

Nicht-medikamentöse Behandlung kann beispielsweise durch Neurorehabilitation gelingen. Hierbei werden den Menschen motorische Fähigkeiten wiederantrainiert bzw. bewahrt, um ihre Mobilität aufrechtzuerhalten. Andere Bereiche sind das Training von Kommunikation, richtige Ernährung und das Üben psychologischer und kreativer Aufgaben.

## 3.3 Sekundäre Demenzen

Natürlich gibt es noch sehr viele weitere Arten von Demenz, recht häufige und extrem seltene, gut erforschte Demenzen und welche, über die noch so gut wie gar nichts bekannt ist. Zu den wichtigsten darunter zählen im Falle der primären Demenzen noch die frontotemporale Demenz, die Lewy-Körperchen Demenz oder die Creutzfeldt-Jakob-Krankheit.

Die sekundären Demenzen unterscheiden sich von den primären in einem sehr zentralen Punkt: sie treten infolge einer Grunderkrankung auf. Und da die Grunderkrankung meist heilbar oder zumindest doch deutlich besser therapierbar ist als eine Demenz, versprechen sekundäre Demenzen Aussicht auf Hoffnung. (Leider) jedoch treten sie nur in 10% der Demenzfälle auf. Im Folgenden werden die wichtigsten Arten von sekundären Demenzen kurz dargestellt.

**Endokrinologische Demenzen** werden durch Stoffwechselstörungen verursacht. Im Beispiel der Hypothyreose (Schilddrüsenunterfunktion) als Grunderkrankung entsteht ein Mangel am lebenswichtigen Schilddrüsenhormon Thyroxin.

**Infektiöse Demenzen** werden durch Krankheitserreger verursacht, so zum Beispiel bei der Neuroborreliose. Das durch den gemeinen Holzbock übertragene Bakterium *Borrelia burgdorferi* greift das Nervensystem an.

Giftstoffe können Ursache für **toxische Demenzen** sein, dazu zählen beispielsweise Schwermetalle, Kohlenwasserstoffe und Alkohol. Durch jahrelangen exzessiven Alkoholkonsum kann die Erkrankung *Morbus Korsakow* verursacht werden, die eine gestörte bis verlorene Merkfähigkeit nach sich zieht.

Auch durch ein Trauma können Demenzen verursacht sein. Sogenannte **traumatische Demenzen** entstehen allerdings nicht nur durch beispielsweise Unfälle, sondern auch durch Gehirntumoren oder Gehirnoperationen. Eine darunter zu zählende Krankheit ist das Boxer-Syndrom, das infolge von mehreren harten Schlägen oder Stößen auf den Kopf auftritt.

Alle diese Demenzarten müssen allerdings nicht infolge ihrer Grunderkrankungen auftreten, im Gegenteil, es ist sogar sehr unwahrscheinlich, dass zum Beispiel ein Patient mit Hypothyreose dazu noch an einer endokrinologischen Demenz erkrankt. Trotzdem müssen die sekundären Demenzen Beachtung finden, da die Grunderkrankung behandelt werden muss, nicht eine Alzheimer-Demenz, deren Medikamente unwirksam wären.

# 4. Demente Menschen in der Praxis

## 4.1 Testverfahren

Es gibt eine große Anzahl sehr unterschiedlicher Testverfahren zur Diagnose einer Demenz. In den folgenden Fällen geht es vorrangig um die klassische Form der Alzheimer-Demenz. Es gibt drei Bereiche, in denen unbedingt eine Untersuchung erfolgen sollte, denn hier äußern sich die Symptome besonders. Nicht alle Patienten zeigen Einbußen im episodischen Gedächtnis, der Sprache und der konstruktiven Praxie, aber erste Störungen liegen meist in der Merkfähigkeit vor. Die wohl simpelste Methode zur Überprüfung dieses ersten Bereichs ist die verzögerte Wiedergabe einer Wortliste. Im Bereich der Sprache müssen besonders Wortfindungsstörungen, eine Verarmung des Wortschatzes und eine gestörte Wortflüssigkeit überprüft werden. Der Teil der konstruktiven Praxie wird meist mit dem Abzeichnen auch dreidimensionaler Figuren überprüft.

Im Allgemeinen sind Testverfahren ein zentraler Bestandteil der Diagnose, und je besser und präziser sie werden, desto besser kann eine Diagnose und gezielter die Therapie werden. Sie spielen also auch eine Schlüsselrolle für die Grundproblematik und deshalb soll an dieser Stelle ein sehr umfangreicher Test vorgestellt werden, der nahezu ideal ist.

### *CERAD*

Das *Consortium to Establish a Registry for Alzheimer's Disease* wurde 1986 gegründet, um einheitliche Kriterien zur Demenzdiagnose zu schaffen.

Dieses Testverfahren enthält alle wichtigen Untertests, um die kognitive Dimension der Krankheit zu erfassen. Dies beinhaltet also die drei Bereiche episodisches Gedächtnis, Sprache und konstruktive Praxie. Zusätzlich dazu existieren zu den einzelnen Untertests verlässliche geschlechts- und altersspezifische Normwerte. Nicht abgedeckt werden durch dieses Testverfahren Verhaltensauffälligkeiten.

Die 8 Untertests sind: Wortflüssigkeit, Benennen von Abbildungen, MMSE, Wortliste lernen in drei Durchgängen, Abzeichnen von 4 Figuren, verzögerte Wiedergabe der Wortliste, Wortwiedererkennen und verzögerte Wiedergabe der 4 Figuren. Der gesamte Test dauert etwa 35 bis 40 Minuten.

### *DemTect*

DemTect ist ein Testverfahren, das mit 8 bis 10 Minuten deutlich handlicher durchzuführen und simpler auszuwerten ist. Aus diesen Gründen habe ich diesen Test mit einigen dementen Patienten durchgeführt (siehe 4.6 ).

Dieser Test besteht aus den 5 Untertests Lernen einer Wortliste in 2 Durchgängen, Zahlenumwandeln, der sogenannten Supermarktaufgabe, dem Rückwärtswiederholen einer Zahlenfolge und die verzögerte Wiedergabe der Wortliste. Die Auswertung ist unterteilt in über- und unter-60-Jährige und bezogen auf die erreichte Punktzahl in Demenzverdacht (weniger als 8 Punkte), leichte kognitive Beeinträchtigung (9-12 Punkte) und angemessene kognitive Leistung (13-18 Punkte).

## 4.2 Leben mit Demenz

Rosemary Mills ist die Leiterin eines Altenpflegeheims in England, und gewann mit dem Essay "Nennen Sie mich nicht die Dame von Bett Nummer neun" einen Wettbewerb der Gesellschaft für Altenpflegewesen des Royal College of Nursing. Dieser Essay ist an eine ungewisse Krankenschwester adressiert, die Rosemary Mills später in einem Pflegeheim vielleicht betreuen wird. Darin äußert sie ihre Wünsche, die sie dann später nicht mehr äußern können wird. Frau Mills beschreibt im Essay die Themen Identität, Privatsphäre, Hygiene und Unterhaltung. Sie entschuldigt sich dafür, dass sie vielleicht das Bett beschmutzen wird oder nicht zuhören wird, wenn mit ihr gesprochen wird, und formuliert gleichzeitig eine ganze Reihe von Bitten. Frau Mills als eine Frau, die schon sehr viele Erfahrungen mit alten und/oder dementen Patienten machen konnte, ruft also dazu auf, mit ihnen umzugehen, wie man normalerweise mit Menschen umgeht, ihre Würde nicht zu verletzten und ihnen ein angenehmes Leben zu ermöglichen, auch wenn diese Menschen Wünsche nicht mehr formulieren können. Der Essay ist sehr emotional geschrieben und bietet Einblicke in das Leben eines dementen Patienten und schlussfolgernd in die Art und Weise, wie man ihn behandeln sollte. Der gesamte Essay ist im Anhang nachzulesen.

## 4.3 Ernährung bei Demenz

Fürsorge gegenüber dementen Menschen ist facettenreich. Im vorigen Kapitel ging es um allgemeine menschenwürdige Bedürfnisse, hier geht es um die Ernährung. Ein an einer Form der Demenz erkrankter Mensch wird nicht mehr im Stande sein, selbst zu kochen, denn das ist schwierig, wenn man vergessen hat, wozu eigentlich der Topf und das Küchenmesser da ist. So gilt es, ihn als Pflegender zu versorgen, oder als eine Pflegeeinrichtung viele demente Menschen, aber auch nicht demente Menschen angemessen zu versorgen. Doch es gibt einige Unterschiede zwischen dementen und gesunden Menschen, die auch bei der Ernährung beachtet werden wollen. Laut einigen Untersuchungen sind süße Getränke bei dementen Personen besonders beliebt, nicht dagegen saure. Obst und Gemüse sollte schon mundgerecht zerkleinert sein, weil viele gerade dazu nicht mehr imstande sind. Sowohl für Gemüse als auch für Kartoffeln gilt: die gabelweiche Zubereitung gibt Sicherheit beim Essen. Fasern oder Gräten in Fleisch und Fisch sind ebenfalls unangenehm und deshalb tabu. Um den Patienten nicht zu überfordern, sollten nicht zu viele Zutaten mit unterschiedlichen Konsistenzen in einer Mahlzeit enthalten sein. In fortgeschrittenen Stadien sind demente Menschen nicht mehr in der Lage, zu heißes Essen zu erkennen, es sollte also schon eine angenehme Temperatur haben.

Ein gestörtes Hunger- und Sättigungsgefühl ist bei Demenz nicht selten, dementsprechend wird eine angemessene Nahrungsaufnahme schwieriger. Betroffenen mit wenig Lust am Essen sollten appetitweckende Speisen angeboten werden, Menschen mit Dauerhunger Obst und Gemüse. Allgemein sollte die Nahrungsaufnahme überwacht werden, da demente Menschen manchmal nicht wissen, was jetzt mit dem Essen anzufangen ist, oder vergessen haben, dass sie schon gegessen haben. Auch ein veränderter Geruchs- und Geschmackssinn tritt fast immer auf, weshalb manches von den Betroffenen als vergiftet oder schlecht wahrgenommen wird, süße Speisen dagegen werden erkannt und sind deshalb beliebt. Wie man mit Besteck umgeht wird ebenfalls oft vergessen, und so ist das Essen mit den Fingern nicht ungewöhnlich und sogar empfohlen. Tischmanieren können von dementen Menschen nicht mehr erwartet werden.

Es gibt leider keine Ernährung zur Stärkung der kognitiven Fähigkeiten, was es dagegen gibt, sind Speisen mit besonders vielen für den Körper äußerst wichtigen Nährstoffen. Dazu zählen zum Beispiel pflanzliche Öle wegen ihrer ungesättigten Fettsäuren, aber auch Schokolade, die die Ausschüttung von Endorphinen und die Durchblutung des Gehirns ankurbelt. Allgemein gilt: ausreichende Flüssigkeitszunahme ist bei gesunden wie bei dementen Menschen überaus wichtig, damit das Gehirn richtig arbeiten kann.

## 4.4 Therapie über Musik

Musik ist eine der besten nicht-medikamentösen Therapieformen. Demente Patienten vergessen zwar viel, aber ihr Langzeitgedächtnis ist oft noch gut vorhanden und sie sind auf der Gefühlsebene noch fast unbeeinträchtigt ansprechbar. Zwei sehr gute Voraussetzungen für eine Musiktherapie. Klänge und Töne wecken das Interesse, und wenn die Betroffenen sich noch an die gespielte Melodie von einem Volkslied von ganz früher erinnern, weckt das Freude. Früher wurde generell deutlich häufiger gesungen als heute, und so sind Volkslieder eine ausgezeichnete Methode, demente Menschen anzusprechen. Ich selbst fahre zwei Mal im Monat in ein Seniorenheim und spiele eine Stunde lang Volkslieder und auch andere Stücke, und die alten Menschen, welche auch zum Teil dement sind, freuen sich jedes Mal, haben ein Lächeln im Gesicht und bedanken sich, und fragen selbstverständlich jedes Mal aufs Neue, wann ich denn wiederkomme.

Laut mehreren Studien soll Musik, sowohl aktiv als auch rezeptiv, Depressionen verringern und die körperliche Aktivität steigern. Erstaunlich sei auch, dass bestimmte Lieder die Betroffenen noch an ganze Geschichten erinnern, vielleicht an ihre Hochzeit oder an einen Urlaub. Auch die Kommunikation wird durch Musik gestärkt, so steigert sich das Zusammengehörigkeitsgefühl, wenn man gemeinsam im Takt mitwippt oder Erinnerungen teilen kann.

## 4.5 Pflege dementer Menschen: Das Best-Friends-Modell

Das Best-Friends-Modell wurde 1996 von David Troxel und Virginia Bell entwickelt, und es soll die Pflege alzheimerkranker Menschen optimieren. Der Grundgedanke des Modells ist, dass demente Menschen einen Freund/Freundin brauchen, der/die ihn versteht, ihn kennt und weiß, wie man geschickt mit der Krankheit umgeht. Das Best-Friends-Modell hat einige Grundsätze, die an dieser Stelle vorgestellt werden sollen:

ein Freund muss verstehen, was es bedeutet, dement zu sein,  er kennt die Ursache von seltsamen Verhaltensweisen und weiß darauf zu reagieren, beispielsweise mit Zuspruch, Körperkontakt oder einer angemessenen Bemerkung.

Ein Freund kennt die medizinischen Grundlagen der Demenz, das heißt nicht, dass er Experte ist, sondern, dass er behandelbare demenzfremde Krankheiten erkennt, die den Betroffenen an Alltagsaktivitäten hindern könnten.

Ein Freund knüpft an die Stärken des Patienten an, und thematisiert nicht Dinge, die der Person nicht mehr möglich sind.

Ein Freund kennt die Lebensgeschichte des Betroffenen und kann so einige Aktivitäten mit der Biografie verknüpfen und dem Patienten zu Erinnerungen verhelfen.

Ein Freund kommuniziert deutlich und in einfachen Sätzen, hört aktiv zu, teilt Komplimente aus und beginnt höflich Gespräche.

Und schließlich ist für einen Freund sein Schützling nicht Patient oder Heimbewohner, sondern in erster Linie Freund.

## 4.6 Bericht über meinen Besuch im Seniorenheim Z.

Am Vormittag des 3. Oktobers 2016 besuchte ich das Seniorenzentrum  XY, um mich mit dementen Patienten zu unterhalten. Ich habe diese Einrichtung gewählt, da ich mich dort schon auskenne und das Personal mich kennt, weil ich alle zwei Wochen für die Senioren Klavier spiele und singe. Insgesamt habe ich mich mit drei dementen Personen in Einzelgesprächen unterhalten können, wovon 2 alle Fragen beantworteten, die ich stellen wollte. Die erste Person brach das Gespräch ab, weil sie keine Lust mehr hatte. Mein Gespräch fand in drei Teilen statt, die grobe Erfassung der Biographie, der Demenztest DemTect (siehe Kapitel 4.1) und der Uhrentest. Als Vergleichswert habe ich im Vorhinein mit meiner Uroma DemTect durchgeführt. Sie ist 92 und nicht dement. Was auffällt bei der Betrachtung der Biographien, ist, dass keine der drei Frauen eine weiterführende Bildung als die Schule hatten, wenn überhaupt. Eine Frau arbeitete lange zu Hause bei ihren Eltern, die Gärtner waren, und nach der Hochzeit im Haushalt, eine andere Frau arbeitete lange Jahre in einer Fabrik, und die dritte war Plätterin, also bügelte in einer Wäscherei. Alles drei sind keine Berufe mit einem angemessenen Bildungsstand, obwohl das zu der Zeit ( die Frauen sind 85, 81 und 79 Jahre alt) wohl noch nicht etabliert war. Meine Uroma dagegen war 10 Jahre in der Schule, also 2 mehr als gesetzlich vorgeschrieben ist, und hatte eine Lehre als Industriekauffrau. Den größten Teil ihres Lebens arbeitete sie auch als Einkäuferin von Metallen zur Produktion von LKWs. Hierbei kann man gut den Risikofaktor „schlechte Bildung" für die Demenz erkennen, denn meine Uroma ist nicht dement.

Im Orientierungstest fiel auf, dass keine Frau das aktuelle Jahr nennen konnte, eine sogar den Staat nicht, in dem wir uns befinden, aber alle drei die aktuelle Jahreszeit, den Herbst. Eine Frau behauptete sogar, erst seit ein paar Wochen im Heim zu sein, sie ist aber schon seit mehreren Jahren dort. Ihre Demenzerkrankung nahm sie selber nicht wahr, sie behauptete, ein wenig vergesslich zu sein, sei im Alter ja normal, und mehr sei auch nicht der Fall.

Die erste Aufgabe des DemTect ist das Lernen einer Wortliste mit 10 Wörtern in 2 Durchgängen. Nach dem langsamen Vorlesen der 10 Begriffe konnten die beiden Frauen 3 Begriffe nennen, meine nichtdemente Uroma 5. Der Unterschied wird noch deutlicher, wenn man betrachtet, dass nach dem Wiederholen der 10 Begriffe sich die beiden Frauen an 4 bzw. 2 Worte erinnern konnte, meine Uroma dagegen an 6.

In der nächsten Aufgabe sollten aus Zahlen die dazugehörigen Worte gemacht werden und aus den Worten die Zahlen, zum Beispiel aus 2072 zweitausendzweiundsiebzig. Allen Teilnehmern fiel es schwer, nicht die einzelnen Ziffern nacheinander als Wort auszuschreiben, sondern zum Beispiel ein „tausend" nicht zu vergessen. Da eine Frau nicht teilnehmen konnte, weil sie ihre Brille verlegt hatte, lauteten die Ergebnisse 3 von 4 richtigen Umformungen für die demente Patientin und eine von 4 für meine Uroma. Man sieht also, dass die Krankheit nicht alle Bereiche in gleichem Maße stört. Zu beachten ist dagegen auch, dass meine Uroma 13 Jahre älter ist.

In der sogenannten Supermarktaufgabe sollten die Teilnehmer in 60 Sekunden so viele Dinge wie möglich nennen, die man in einem Supermarkt kaufen kann. Eine Teilnehmerin konnte nur 2 Begriffe nennen, weil sie laut eigener Aussage noch nie in einem Supermarkt gewesen sein, die andere demente Dame konnte 6 Dinge nennen, meine Uroma dagegen 12.

Während in der nächsten Aufgabe alle Teilnehmerinnen damit Probleme hatten, die genannte Ziffernfolge tatsächlich rückwärts aufzusagen und nicht nur zu wiederholen, konnte trotzdem ein Unterschied zwischen gesundem und krankem Menschen festgestellt werden: meine Uroma schaffte eine Ziffernfolge mit 4 Ziffern, während den anderen beiden diese Anzahl nicht gelang.

Schließlich ging es noch um die verzögerte Wiedergabe der Wortliste aus der ersten Aufgabe, aus der die beiden dementen Damen nur noch keinen bzw. einen wussten, meine Uroma dagegen 2.

Die Aussagefähigkeit dieses Demenztests darf natürlich angezweifelt werden, weil er so kurz ist und in der Punkteverteilung nur in über- und unter-60-jährige Menschen unterschied. Letztendlich ging es mir aber auch nicht darum, Demenz zu diagnostizieren, sondern Erfahrungen zu sammeln, wie fit gesunde und kranke Menschen im Alter tatsächlich noch sind und wie sie sich verhalten. Das Ergebnis lautete bei den beiden dementen Frauen 2 bzw. 5 von 18 Punkten, was einer Demenz entspricht, das Ergebnis von 10 Punkten meiner Uroma deutet laut Punktetabelle auf eine leichte kognitive Beeinträchtigung hin, aber ich bin mir sicher, dass sie im Alter von 80 Jahren deutlich besser abgeschnitten hätte, und für den Fall hätte der selbe Maßstab gegolten.

Schließlich ließ ich die beiden dementen Damen noch eine Uhr zeichnen, die Ergebnisse lassen sich im Anhang begutachten. Eine Frau scheiterte beim Zeichnen, die andere zeichnete sehr gut, konnte aber nicht als Zusatzaufgabe die Uhrzeit 10 nach 11 einzeichnen.

Alles in allem hat mir der Besuch sowohl Spaß gemacht als auch einige Erfahrungen im Umgang mit dementen Menschen eingebracht. Was mich tatsächlich schockierte, war, dass Teile von Gesprächen tatsächlich so ablaufen können, wie es in den Büchern steht und ich kaum glauben konnte. Ich stellte einer Frau die Frage, wann sie ungefähr geheiratet hat, sie wusste es nicht genau und versuchte, ihre Biographie nachzuvollziehen, um eine ungefähre Angabe herauszubekommen, sie verlor allerdings den roten Faden und brach ab. Dann stellte ich ihr wortgetreu die selbe Frage noch einmal, und sie antwortete, als wäre es das erste Mal, und zwar fast wortgetreu wie gerade eben. Sie ging den selben Gedankengang und kam zum zweiten Mal zu keinem Ergebnis. Mich schockiert die Schwere dieser Krankheit Demenz, und gleichzeitig bin ich froh, solche einschneidenden Erfahrungen machen zu können.

## 4.7 Bericht über die Ergebnisse meiner Umfrage

Ziel meiner Umfrage zum Thema Demenz war es nicht, wie man vermuten könnte, eine statistische Erhebung zu erstellen. Es ging eher darum, wie andere Menschen demente Menschen wahrnehmen, was ihre Erfahrungen sind und wie aufgeklärt die Teilnehmer meiner Umfrage sind. Ich führte die Umfrage vom 20. September 2016 bis zum 20. Oktober durch. Insgesamt nahmen 18 Personen teil. Die Umfrage war anonym und lief über die Plattform *www.umfrageonline.com* im Internet. Den Link zur Umfrage verteilte ich in mir bekannten Kreisen, sodass wohl auch nur mir bekannte Personen jeder Altersgruppe geantwortet haben. Die vollständige Liste aller Fragen und Antworten ist im Anhang zu finden.

Auf die erste Frage, wie man denn Demenz aus dem Kopf definieren könnte, antworteten 15 der 18 Teilnehmer ausschließlich mit Vergesslichkeit, wobei auch Synonyme wie Gedächtnisverlust und schlechte Erinnerungsfähigkeiten verwendet wurden. Nur jeder sechste Teilnehmer zeigte also andere Seiten der Demenz auf, darunter Unsicherheit und Angst sowie Veränderungen der Persönlichkeit. Dagegen gab es auch einige regelrecht falsche Antworten, die eine voll funktionsfähigen Motorik und den Tod durch Vergessen des Atmens beschrieben.

Die zweite Frage, in welchem Umfeld sich eine dem Teilnehmer bekannte demente Person befindet, wurde von dem Großteil mit dem Verwandtenkreis beantwortet. Dazu muss gesagt werden, dass ich bei der Verteilung des Umfragelinks dazu aufrief, nur teilzunehmen, wenn man etwas zu dementen Personen auch sagen könnte. Damit war also die Antwortverteilung der zweiten Frage logisch.

In der nächsten Frage sollte eine dem Teilnehmer bekannte demente Person beschrieben werden. *„Meine uroma ist 92 und leidet an demenz. sie weiß zb meinen Namen nicht wenn ich bei ihr im Altenheim bin. "* ist nur ein Beispiel für eine Antwort, viele Teilnehmer berichteten auch von Stimmungsschwankungen und eingeschränkter Bewegungsfähigkeit. Unter den Antworten befand sich auch eine, die besonders davon zeugt, wie das Gehirn von hinten nach vorn vergisst, also sich nicht mehr an Frau und Kinder erinnert, aber noch an seine Kindheit: *„80 Jahre, männlich, vergisst die deutsche Sprache und fängt an polnisch (aus der Kindheit) zu reden. "*

Die vierte Frage zielte auf die Erfahrungen mit dementen Menschen ab. Auch hier konnten einige Teilnehmer hilfreiche Eindrücke weitergeben. Einige schrieben von erschwerten Unterhaltungen, die durch das Vergessen relevanter Dinge beeinträchtigt wurden. So müsse man bei jedem Besuch sich neu vorstellen oder auf die selben Fragen antworten, und wiederholte Gesprächsabläufe strengen an. Andere berichteten von Verwirrtheit des Patienten und Hilflosigkeit der Pflegenden. Oft scheint es auch auf die Tagesform anzukommen, an guten Tagen seien normale Gespräche möglich, an schlechten müsse man ewig selbstverständliche Dinge erklären, die der Patient nicht versteht. Ein Teilnehmer machte dabei die Erfahrung, dass *„der Patient [...] in seiner eigenen[...] Welt zu sein scheint."*

In der letzten Frage ging es um den Krankheitsverlauf, der laut Wahrnehmung der Teilnehmer, aber nicht laut der Fachliteratur meist *„in Schüben"* verläuft, und um die Therapie, die nach einem anderen Teilnehmer erfolglos verlief, da die Medikamente nicht anschlugen. Die meisten Teilnehmer glauben, dass der demente Patient von seiner Krankheit nicht viel mitbekommt, und die Demenz für die Angehörigen viel schlimmer sei, die einem vertrauten Menschen beim Verlust der Fähigkeit des Menschseins zuschauen müssen. Auch hier gab es eine Antwort, die wohl weit weg von der Wirklichkeit ist: *„Ich bin der Meinung, dass Demenzerkrankte ein schönes Leben führen, denn die lernen immer wieder neue Leute kennen. "*

Zusammenfassend habe ich mit meiner Umfrage erreicht, was ich erreichen wollte. Ich habe so einiges Neues lernen können und von interessanten Erfahrungen und Meinungen lesen können. Die Reichweite meiner Umfrage war zwar nicht besonders groß, aber klein genug zur angenehmen Auswertung und groß genug, um einiges dazulernen zu können. Sie sorgte außerdem dafür, dass ich zu meiner fachlichen Sicht auf die Demenz und eigenen Erfahrungen aus Gesprächen mit Altenpflegern und dementen Patienten die Sicht als Angehöriger auf diese Krankheit durch einige Antworten entdecken konnte.

## 5. Schluss

Eine Arbeit über eine Krankheit zu schreiben, bei der keiner wirklich weiß, was sie auszeichnet, ist schwer. Manche Werke widersprechen sich selbst, einige widersprechen anderen, aber viele kündigen schon zu Beginn an: einiges, was in diesem Buch steht, ist nicht sicher, was heute wahr ist, kann morgen schon falsch sein, und eigentlich können wir diese Krankheit gar nicht wirklich definieren. Weil sie keiner wirklich definieren kann. Weil es keine einheitliche Definition gibt. Was in diesem Buch steht, sind von uns erkannte Symptome, die wir versuchen zu erklären. Ob wirklich Eiweißablagerungen im Gehirn an allem schuld sind? Es gibt viele Theorien. Und das Problem wird noch lange ungelöst bleiben. Zu Recht gibt es Bücher, die Alzheimer als ein Hirngespinst verstehen, das sich die Pharmaziebranche ausdachte, um Profit zu machen.

Ich bin froh und traurig zugleich, dass diese Seminararbeit so kurz sein muss. Einerseits muss man komplexe medizinische Vorgänge einfach zusammenfassen, weil mehr Platz nicht ist. So ist zwar keine detaillierte Beschreibung möglich, aber ich muss mich auch nicht in meiner eigenen Arbeit über die vielen Theorien streiten. Andererseits hätte ich gerne mehr Raum gehabt, um mich genauer mit der Pflege dementer Menschen auseinanderzusetzen. Denn was nützt die Tablettenfuhre jeden Morgen, Mittag und Abend, wenn ein vollwertiger Mensch nichts weiter braucht, als einen Freund, mit dem er sich unterhalten kann, dem er seine kleinen Problemchen schildern kann, ohne dass sie gleich an die große Glocke gehängt werden und der Betroffene den mitleidigen und herabschauenden Blicken ausgesetzt wird? Vielleicht gibt es irgendwann ein Medikament, dass diese Krankheit aufhält, zurückdrängt und heilt. Aber jetzt noch nicht. Und bis dahin sind viele, viele Leute nötig, die sich um alleingelassene Menschen in Pflegeheimen kümmern, die in Teilzeit gehen, um sich fast Vollzeit mit seiner kranken Oma zu beschäftigen und ihr fantastische letzte Jahre zu bescheren, Leute, die sich um überarbeitete und gestresste Pfleger kümmern, Leute, die helfen. Und um zur Problemstellung zu kommen: Ich glaube, dass man mit der perfekten Mischung aus Fürsorge und Medikamenten Demenz heilen kann. Rein medizinisch gesehen geht das momentan noch nicht. Aber wenn es Menschen gibt, die sich aus vollem Herzen um demente Menschen kümmern, die ihnen alle Wünsche von den Lippen ablesen, die wissen, wie man sich mit Demenz fühlt, und die ganz viel Liebe und Zeit investieren, um das letzte bisschen aus dem Gehirn der Betroffenen herauszubekommen, dann gibt es auch Menschen, die dement sind, die Spaß haben, sich an ihrer Welt erfreuen, auch wenn sie nur ein Bruchteil so groß ist wie die wirkliche, denen ihre Sorgen von der Hand genommen werden, Menschen, die Lächeln, auch beim Sterben. Und ich glaube, mit dieser Mischung aus den wenigen Medikamenten gegen die kleinen Sorgen und der liebevollen Fürsorge gegen die großen Sorgen ist es möglich, einem dementen Menschen einen schöneren Lebensabend zu ermöglichen, als es so manchem gesunden Menschen möglich ist. Dieser Idealfall ist so nicht für alle Menschen der Welt möglich, aber wenn man will, dann kommt man nah heran. Und man muss nah herankommen, denn in naher Zukunft werden viel mehr Menschen dement sein und Fürsorge brauchen, und man kann nicht Generationen sich selbst überlassen. Mich persönlich interessiert sehr, wie es weitergeht, und ob man vielleicht sogar doch ein Medikament findet, das wirkt und heilt. Eines, das einem mit 40 zur Vorbeugung geimpft wird, oder eines, das die Krankheit zum Zeitpunkt der Diagnose anhält, oder eines, dass man als Tablette jeden Morgen nimmt und genauso viele Gehirnzellen produziert, wie den Tag über verloren gehen, oder sogar mehr. Vielleicht macht auch die Genforschung einen Sprung und entdeckt das Alzheimer-Gen, und man unterbindet von Generation zu Generation die Weitervererbung. Aber alle diese Möglichkeiten haben etwas gemeinsam: sie sind ziemlich unwahrscheinlich und wenn überhaupt, dann liegen sie in ferner Zukunft. Aber die Erforschung lohnt sich.

Mir persönlich hat die Beschäftigung mit diesem Thema sehr viel Spaß gemacht. Ich weiß nun deutlich mehr über eine Krankheit, die an Bedeutung gewinnen wird, und die ein großes Mysterium birgt. Ich konnte mich persönlich mit dementen Menschen auseinandersetzen und dabei auch zuschauen, wie man sein eigenes Geburtsdatum vergessen hat. Aber ich konnte auch viele verschiedene Therapiemöglichkeiten kennenlernen, einige kuriose, andere simple, die jedoch alle Erfolg erhoffen lassen und über die sich viele Gedanken gemacht wurden.

Natürlich ist Demenz nicht heilbar. Alle Therapiemethoden zielen allein darauf ab, den Prozess der Erkrankung zu verlangsamen, aber mehr ist einfach nicht möglich. Die Demenz schreitet voran, und sie lässt nichts übrig von einst geliebten Menschen, bis hin zum Tod. Aber trotzdem gibt es Möglichkeiten, kranke Menschen an seiner eigenen Welt teilhaben zu lassen und sie glücklich zu machen, und nach dem Glück strebt doch jeder Mensch, ob krank oder gesund.

# 6. Quellen

## 6.1 Literaturquellen


1. Förstl, Hans / Kleinschmidt, Carola. Demenz. Diagnose und Therapie. Stuttgart 2011.

2. Ivemeyer, Dorothee / Zerfaß, Rainer. Demenztests in der Praxis. Ein Wegweiser. München 2002.

3. Bayerisches Staatsministerium für Arbeit und Sozialordnung, Familie und Frauen (Hrsg.). Ratgeber für die richtige Ernährung bei Demenz. Appetit wecken, Essen und Trinken genießen. München 2007.

4. Frohn, Birgit / Staak, Swen. Demenz. Leben mit dem Vergessen. Staffelsee 2012.

5. Stolze, Cornelia. Vergiss Alzheimer. Die Wahrheit über eine Krankheit, die keine ist. Köln 2011.

6. Bayerisches Staatsministerium für Arbeit und Sozialordnung, Familie und Frauen (Hrsg.). Musizieren mit dementen Menschen. Ratgeber für Angehörige und Pflegende. München 2010

7. Bell, Virginia / Troxel, David / Cox, Tonya / Hamon, Robin. So bleiben Menschen mit Demenz aktiv. 147 Anregungen nach dem Best-Friends-Modell. München 2007.

8. Riesner, Christine. Menschen mit Demenz und ihre Familien. Hannover 2010.

9. Beyreuther, Konrad. Einhäupl, Karl Max. Förstl, Hans. Kurz, Alexander. Demenzen. Grundlagen und Klinik. Stuttgart 2002.

10. Senken Sie ihr Alzheimer-Risiko. In: Spiegel Wissen, 01/2010, Seite 23.


## 6.2 Internetquellen


1. Amyloid-Precursor-Protein. http://flexikon.doccheck.com/de/Amyloid-Precursor-Protein (Stand: 27.10.2016)

2. Riskofaktor (Medizin). https://de.wikipedia.org/wiki/Risikofaktor_(Medizin) . (Stand: 27.10.2016)

3. Bitte an eine Krankenpflegeschülerin. http://www.pflegeverfügung.de/bitte.html . (Stand: 27.10.2016)

4. Alkohol. www.dhs.de/datenfakten/alkohol.html . (Stand: 29.10.2016)

5. Ideatorische Apraxie. http://www.spektrum.de/lexikon/neurowissenschaft/ideatorische-apraxie/5923 . (Stand: 29.10.2016)

6. Delir: Vielfältige Ursachen. http://www.gesundheit.de/krankheiten/psyche-und-sucht/alkoholismus/delir-nicht-nur-bei-alkoholkranken-eine-gefaehrliche-bewusstseinstruebung . (Stand: 29.10.2016)

7. konstruktive Apraxie. http://www.spektrum.de/lexikon/neurowissenschaft/konstruktive-

apraxie/6667 . (Stand: 29.10.2016)

8. Motorik. https://de.wikipedia.org/wiki/Motorik . (Stand: 29.10.2016)

9. Neuroborreliose. http://www.netdoktor.de/krankheiten/borreliose/neuroborreliose/ . (Stand: 29.10.2016)

10. Nootropikum. http://flexikon.doccheck.com/de/Nootropikum . (Stand: 29.10.2016)

11. PET und SPECT: Diagnose in der Nuklearmedizin. http://www.weltderphysik.de/gebiet/ leben/physik-medizin-und-gesundheit/radiopharmaka/pet-und-spect/ . (Stand: 29.10.2016)

12. Vitamin B12 Mangel. http://www.vitaminb12.de/mangel/ . (Stand: 31.10.2016)

13. Atrophie. http://www.onmeda.de/medikamente/glossar/A/Atrophie.html . (Stand: 31.10.2016)

## *6.3 Bildquellen*

Abb. 1. Prävalenz-Statistik der Demenzerkrankungen. http://www.seniorendienst-benning.de/files/content/demenz/statistik.png . (Stand: 29.10.2016)

Abb 2. Verlauf des kognitiven Abbaus. http://images.slideplayer.org/2/851066/slides/slide_14.jpg . (Stand: 29.10.2016)